序

天王寺動物園長　宮下　実

　大正4年（1915）元旦に天王寺動物園は日本で3番目の動物園として開園しました。昨年はちょうど開園90周年ということで園内での新たな企画事業に取り組むとともに、動物園の展示を考えるシンポジウムや国際的な学術集会などの開催を行いました。さらに90周年にちなんだいくつかの印刷物も企画し発行されましたが、この写真集刊行もその一つとして予定されていました。

　天王寺動物園では90年の間に、動物の写真を中心としたガイドブックを、過去に何冊も発行してきましたが、それらの写真はすべて天王寺動物園の職員が撮った図鑑的なものでした。今回のこの写真集は新たに動物写真家を目指す一人の若者（アラタ・ヒロキ）が、天王寺動物園に数え切れないくらい通いつめ、ファインダー越しに見た動物を自分の感性で撮り続けてきたもので、従来のガイドブックの写真とはかなり異なったものとなっています。彼は撮影した膨大な写真の中から、珠玉ともいえる作品を自ら選び、この写真集に収めました。

　ところで天王寺動物園では平成7年（1995）から生態的展示手法による動物の展示施設作りを進めてきています。この写真集にはそれらの新しい施設である爬虫類生態館やカバ舎、サイ舎、アフリカサバンナ区草食動物ゾーン、アジアの熱帯雨林ゾーン・ゾウ舎がそれぞれの主役たちとともに、背景に登場しています。また一方では昔ながらの古い動物舎の主（ぬし）たちもその存在感を処々で示しています。

　アラタ君独自の感性で捉えた天王寺動物園の動物たち、それらは決して主役級の動物だけではなく、脇役やあるいはまったく通りがかりの動物にもその焦点を当てています。今変わりつつある天王寺動物園の新しい展示とともに、動物のもつ魅力を巧く引き出したこの写真集、存分にお楽しみいただければ幸いです。

アムールトラ

中国東北部からアムール、ウスリーに分布するトラで、野生では200頭以下といわれ、絶滅の危機にあります。天王寺動物園では雄のセンイチと雌のアヤ子を飼育しており、今年はうまくペアになって繁殖を期待したいものです。暑さが苦手で、夏にはよく池の中に入っていることがあります。

ライオン

ネコ科の動物は単独生活をしていますが、ライオンだけは1～2頭の雄と複数の雌でプライドと呼ばれる群れを作って生活しています。この写真のライオン舎は昭和39年にできたもので、現在建設中のアフリカサバンナ肉食動物ゾーンが今年の7月に完成すると、その新しい施設のほうに引越しをします。

ヒョウ
サハラ砂漠以南のアフリカとインド、スリランカ、マレー半島、中国、朝鮮半島、ロシアの沿海州の草原や森林に生息しており、木登りが上手です。木の上で休憩をとったり、獲物を待ち伏せたり、あるいは捕獲した獲物を他の動物に邪魔されないように樹上に引き上げて食べたりします。

グラントシマウマ

アフリカの東部に分布するサバンナシマウマの1亜種で、1頭の雄と複数の雌、そしてその子どもからなる群れで暮らしています。餌である草を求めてサバンナを移動する時にはこのような家族群がたくさん集まり、多いときには1万頭を超えるような大集団になることがあります。人の指紋と同様、シマウマの黒白の縞模様は1頭1頭が異なっており、個体を見分けるのに便利です。

アミメキリン
アフリカの東部（タンザニア、ケニア、エチオピアなど）に分布し、木の葉が主食です。頭までの高さは5mを越え、地球上では一番背の高い動物です。1頭の雄と数頭の雌、そして子どもからなる家族的な群れをつくり、木がまばらに生えたサバンナに生息しています。長い首と長く伸びる舌は、大好物であるアカシアの木の枝や葉を食べるのにうまく適応しています。

ユッカ

キササゲ

アジアゾウ
地球上で最大の陸上動物であるゾウはアフリカゾウとアジアゾウの2種類がいます。インド、スリランカ、東南アジアに分布するのがアジアゾウです。体重は雌で4トン前後で、天王寺動物園には今年58歳を迎える春子と36歳のラニー・博子の雌２頭を飼育しています。１日に与える餌は１頭あたり約80kg、排泄する糞の量も半端ではなく60kgほどになります。

バーバリシープ
北アフリカの岩の多い山岳地帯で暮らしている野生のヒツジで、急峻な岩場でも平気で駆け回っています。雄は雌よりも体が大きく、外側に大きく湾曲した立派な角を持っています。顎から前胸部にかけて、たてがみ状の長い毛が生えており、ここから別名タテガミヒツジともいわれています。

トムソンガゼル
東アフリカの草原地帯に50頭ほどの群れをつくって生活する小型のレイヨウで、ライオンやチーター、ハイエナなどに狙われますが、敏捷な動きやジャンプ力などを活かしてうまく逃げます。おもに草を食べ、早朝あるいは夕方によく活動します。角は雌雄ともにありますが、雄の角のほうが長く40cmほどにもなります。

エランド
アフリカの草原地帯に数頭あるいはそれ以上の群れをつくって生活する最も大型のレイヨウで、雄では体重800kgを越えるものもあります。草や木の葉を食べて生活しており、角は雌雄いずれにもあり、長さ100cmに達する大きな角もあります。胸部にはウシで見られるような胸垂が見られます。

ダマジカ
南ヨーロッパに分布するシカで、角は雄のみにあり、ニホンジカのような枝状のものではなく、手のひらのように平たく広がった角を持っています。毛色は淡褐色ですが、天王寺動物園で飼育しているような白色のものもいます。

フタコブラクダ
中央アジアの砂漠地帯に野生のものが生息し、一時は絶滅したと考えられましたが数百頭が生存しています。動物園や観光地で見られるものは、今から4500年ほど前に家畜化されたもので、砂漠地帯での荷物や人の運搬に利用されてきました。背中のこぶは2つあり、別種のヒトコブラクダは1つで容易に区別がつきます。このこぶには脂肪が詰まっており、エネルギー源として活用されますし、厳しい直射日光のもとで熱を遮断する役目もあります。

メガネグマ
南アメリカの北西部に分布するこのクマはその生息する山岳地帯の森林が開発され、野生での数は急減しています。天王寺動物園ではヨーロッパのメガネグマ繁殖計画の支援を受け、ドイツの動物園生まれの雄と英国の動物園生まれの雌をいただき、ペアで飼育してます。

マレーグマ
　東南アジアの山地の森林に生息する、世界でもっとも小さなクマです。手足は長く、大きな鉤爪をもっており木登りが大変得意です。夜行性で、昼間は木の上で寝ていることもあります。雑食性でシロアリや昆虫、小動物、果実、木の芽などを好んで食べます。

エリマキキツネザル
マダガスカルにはキツネザルと呼ばれる原始的なサルが約20種類分布しています。キツネに似ていることからこの名前がつきましたが、天王寺動物園ではそのうちの一種である本種を飼育しています。

レッサーパンダ
パンダといえば、黒白の毛色のジャイアントパンダをほとんどの方が連想されますが、もう一種、この赤茶色のレッサーパンダもいます。木に上るのもうまく、竹類や木の葉、果実、小動物などを食べます。後足で立ち上がったことで話題を呼びましたが、人と同じように、足のかかとまでが地面につく構造になっているので、二本足で立って当たり前なのです。

ブラシノキ

ノウゼンカズラ

チンパンジー

アフリカ中央部の森林地帯で複数の雄と複数の雌、その子どもからなる数十頭から百頭近くにおよぶ群れを作って生活しています。主食は果実で、葉や花、昆虫なども食べています。森林破壊や密猟などによって野生での数は急減しています。木の枝を使って蟻塚から巧みにシロアリを引き出して食べたり、石を使ってアブラヤシの実を割るなど、道具を使う動物としても有名です。

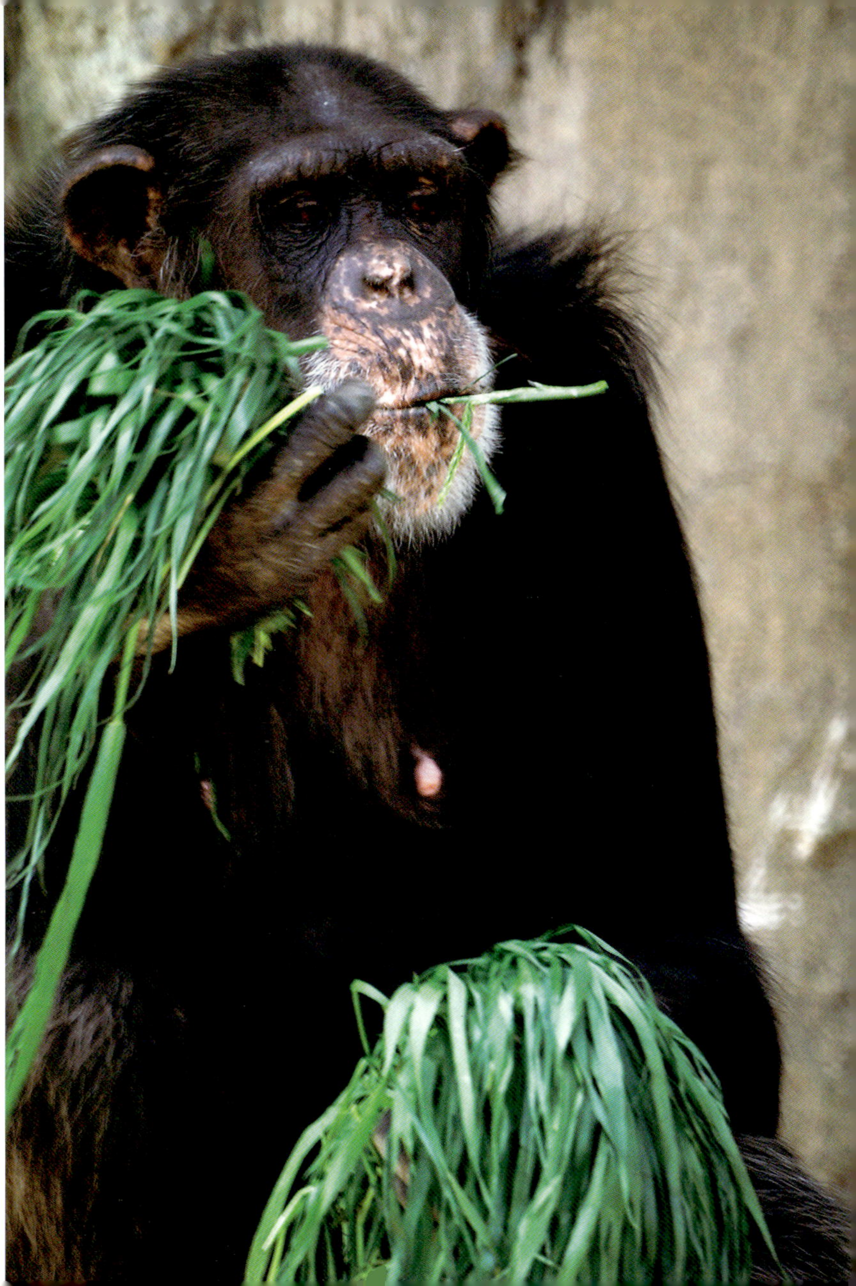

クロサイ

かつてはサハラ砂漠より南のアフリカ全土に分布していましたが、現在はアフリカの東部と南部にわずか２６００頭ほどが暮らしているのみです。顔の前方に２本の角を持っていますが、この角は爪と同じように皮膚が角質化したもので、一生伸び続けます。この角が漢方の強壮薬あるいは解熱剤として珍重され、そのために密猟が後を絶ちません。天王寺動物園ではこのクロサイの繁殖に力を入れており、過去に７頭の子どもが育っています。

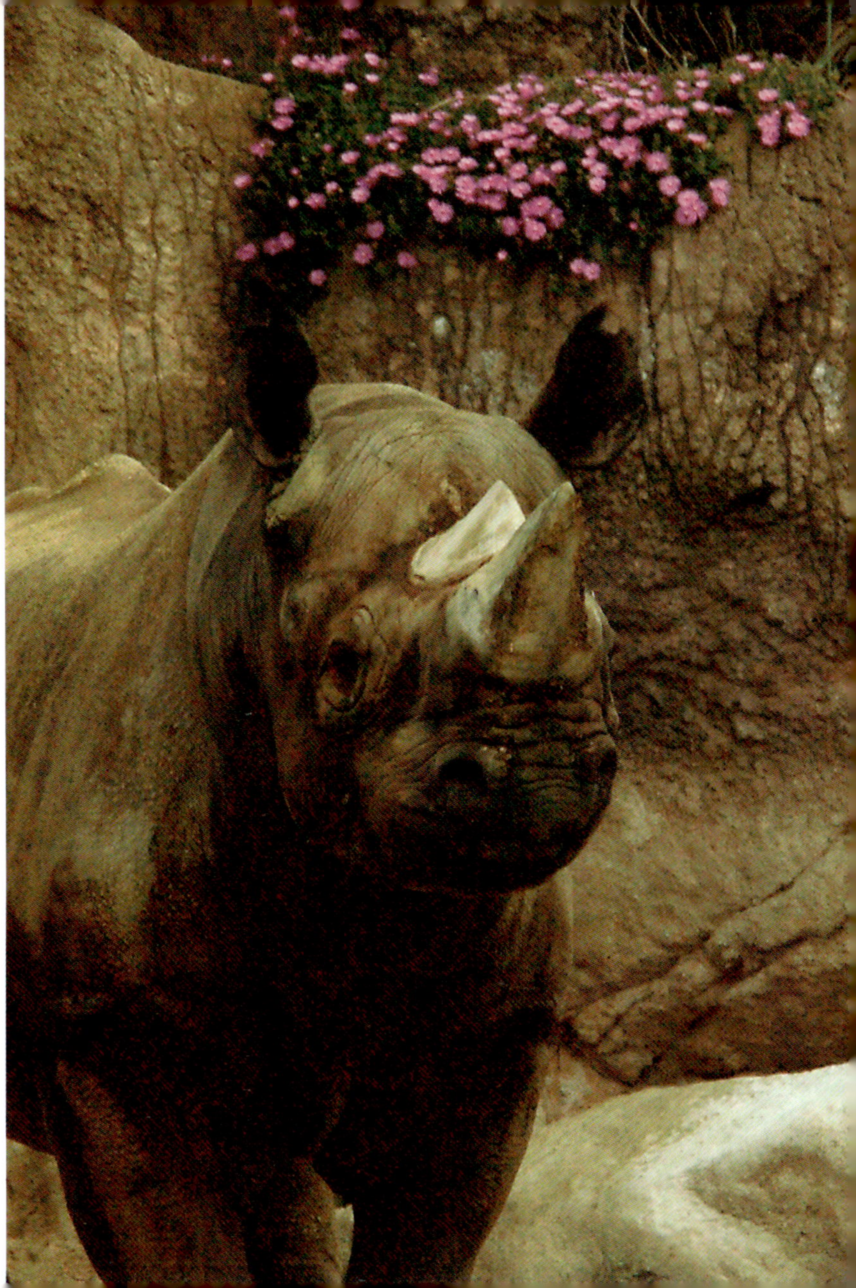

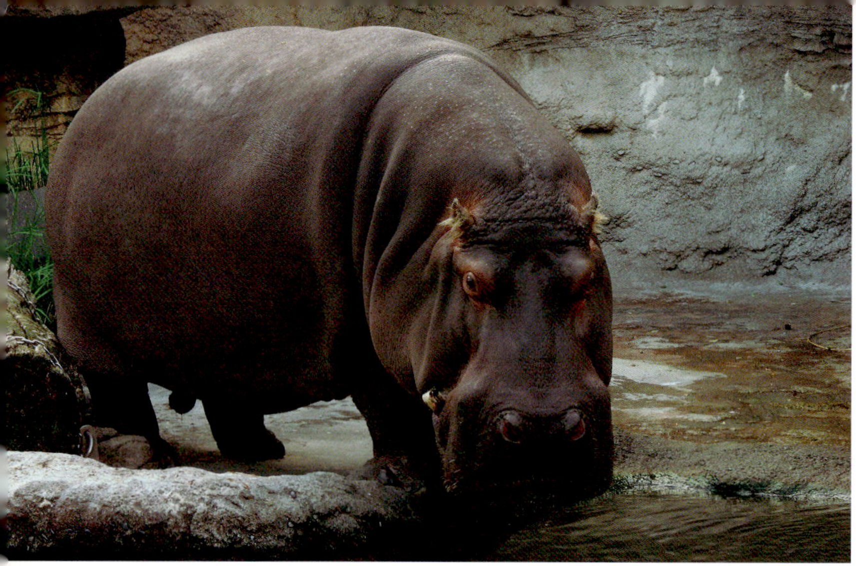

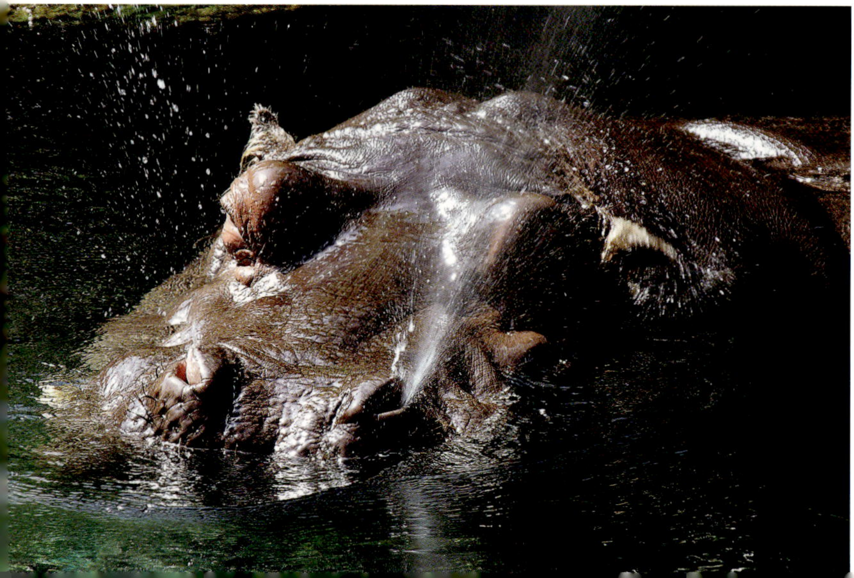

カバ
体重は2〜3トンもあり、陸上動物としてはゾウに次ぐ大きさです。臆病で昼間はほとんど水中に入っています。カバは水中で糞をすることから、どこの動物園でもカバのプールは黄土色に濁っていますが、天王寺動物園では大きな濾過装置を取り付け、高い透明度を保っているのでガラス越しにカバの水中歩行を見ることができます。

実物大のカバのブロンズ像（平成9年設置）

実物大のクロサイのブロンズ像（平成10年設置）

カリフォルニアアシカ
北米の太平洋沿岸に生息し、雄1頭に数十頭の雌というハレムを形成します。雄は体重250kg前後と非常に大きく、一方雌は80kgほどで大きな体格差があります。体形は泳ぐのに適した紡錘形で、手足の指は水かきでつながった鰭になっています。5〜6月ころに1頭の赤ちゃんを陸上で出産し、哺乳も陸上で行います。魚やイカなどが主食です。

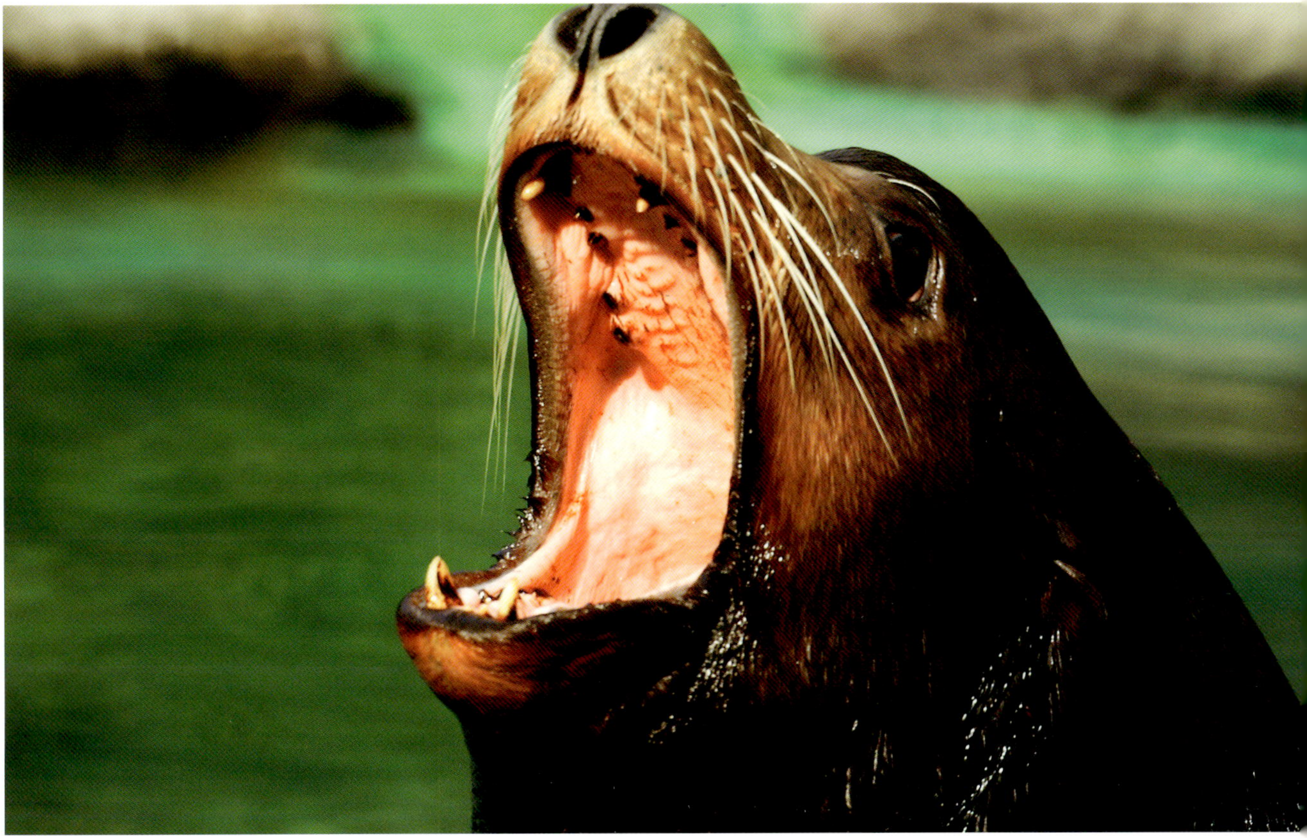

アオウミガメ
世界の熱帯、温帯の海域に見られ、外洋を回遊したり沿岸で採食したりして生活しています。食性は植物食で沿岸の比較的浅いところでアマモなどの海草を食べています。日本では屋久島より南の地域で産卵のために上陸する雌が見られますが、大きいものでは甲羅の長さが1mほどもあります。

スッポンモドキ
ニューギニア南部、オーストラリア北部の河川や池沼に生息するカメで、前肢が鰭状になっており、水中のみで生活します。陸地に上がるのは唯一雌が産卵する時だけです。雑食性で、魚や甲殻類以外に水草なども食べます。

フトアゴヒゲトカゲ
オーストラリア東部の森林から砂漠にいたるまで幅広く生息しており、昼間に活動します。顎の部分には顎鬚のような棘状の鱗が並んでいることからこの名前があります。主食は昆虫で、植物も食べます。

ビルマニシキヘビ
中国南部から東南アジアに分布する大型のヘビで、雄よりも雌のほうが体が大きく、大きなものでは6mを越えます。地上で主に生活していますが、水中に入ったり樹上にも上がります。

リタとロイドの像
ゾウ舎の東側にあるこの像は、昭和7年から15年にかけて全国にその名演技を知らしめたチンパンジー「リタ」(雌)を偲んで作られたものです。お気に入りのセーラー服姿で座っているのが「リタ」、隣で法被を着て起立しているのが仲の良かった雄の「ロイド」で、セメント作りの実物大のものです。岩田千虎氏が戦前に制作されました。

野生のアオサギ
大阪市内でアオサギのような大型の鳥が繁殖するというのは戦後なかったことでしたが、昭和62年に天王寺動物園のバードケージが完成した翌年からその上屋に野生のアオサギが飛来し、巣作り、産卵が始まりました。そのうち雛も孵化するようになり、年々、巣や孵化する雛の数は増える一方で、天王寺動物園内で多くの野生アオサギをご覧いただけるようになりました。

コサギ

ヨーロッパ、アジア、アフリカ、オーストラリア、日本と世界中に広く分布している鳥で、白鷺と呼ばれるサギの中では最小のものです。魚や昆虫、甲殻類、カエルなどを捕食します。天王寺動物園のバードケージ内でも多数繁殖していますが、野生のものも飛来して、園内の樹木を利用して巣を作り繁殖しています。

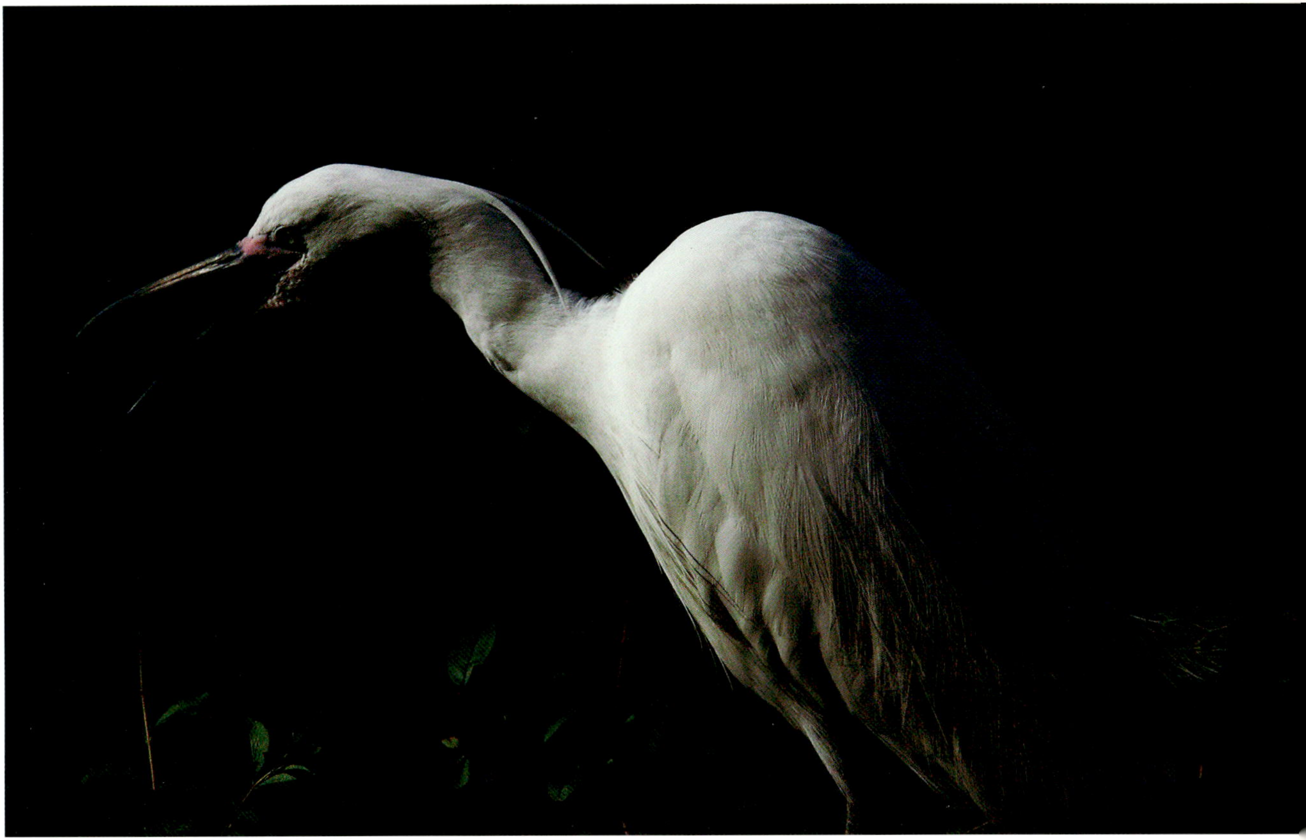

ヒクイドリ

オーストラリア北東部とニューギニアの熱帯雨林に生息する飛ぶことのできない鳥です。雄よりも雌の方が大きく、頭頂までの高さは150cmほどもあります。頭と頚部には羽毛がなく皮膚が裸出していますが、頭には尖ったヘルメットのような突起があり、頚部は青色と首筋の赤色の2色に鮮やかに彩られています。果実や木の芽、葉、昆虫などを食べます。

フサホロホロチョウ
東アフリカの草原に数十羽の群れで生息しており、ホロホロチョウ類のなかではもっとも美しい羽色をもっています。
頚部は青色、白色、黒色の長い羽毛で包まれており、人目を引く色彩です。

アフリカハゲコウ
サハラ砂漠より南のアフリカ全土に分布するコウノトリの仲間で、頭と首に羽毛がなくピンク色の皮膚が裸出しています。自ら動物を捕獲することは少なく、死んだ動物を見つけてその腐肉を食べます。時に昆虫やヘビ、ネズミなども捕食します。

ホロホロチョウ
サハラ砂漠より南のアフリカ全土に分布するキジの仲間です。草地や開けた林地で数十から二百羽くらいの群れで暮らしています。昆虫、種子、木の実などを食べ、飛ぶことはできても、ほとんど地上を歩いたり走ったりしています。

ホオジロカンムリヅル
アフリカ南東部に分布する小型のツルで、後頭部に淡黄色の冠羽があることからこの名前があります。頬部は裸出しており、白色と朱色に分かれ、その下の喉には朱色の肉垂があります。草地や水辺の湿地に生息し、昆虫や種子などを餌としています。

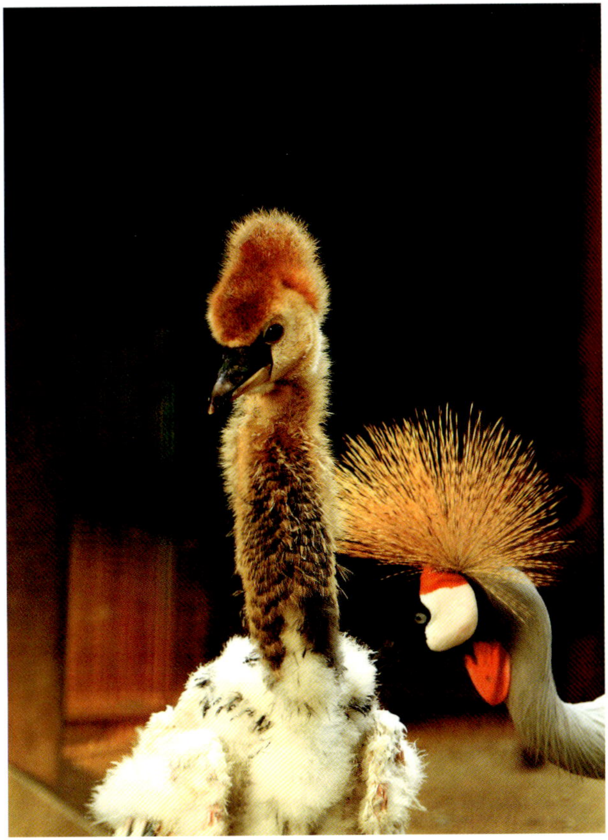

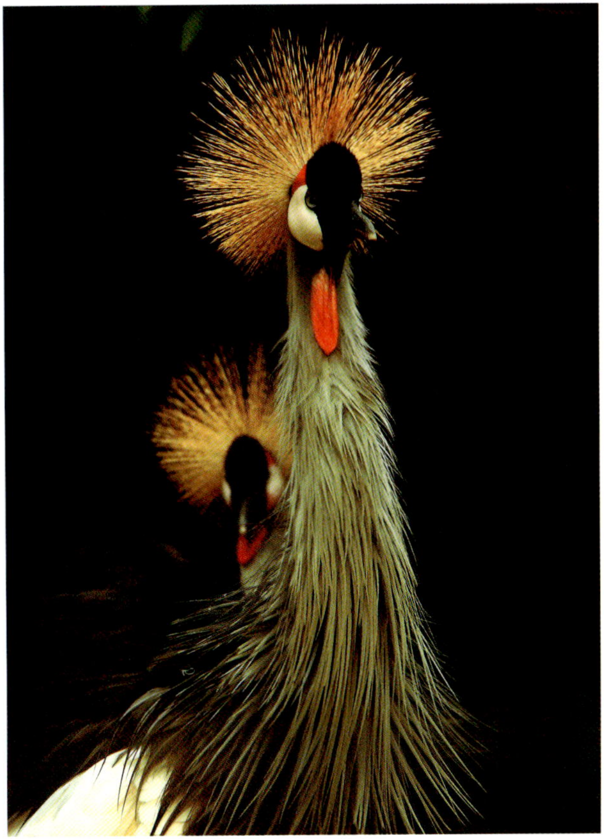

アネハヅル
ツルの中ではもっとも小型で、ロシアの黒海北岸からシベリア南西部、モンゴルにかけての地域で繁殖し、アフリカやインド、東南アジアで越冬します。小さくてもヒマラヤ高地の上空を渡る能力を備えています。植物の種子や昆虫などを食べています。

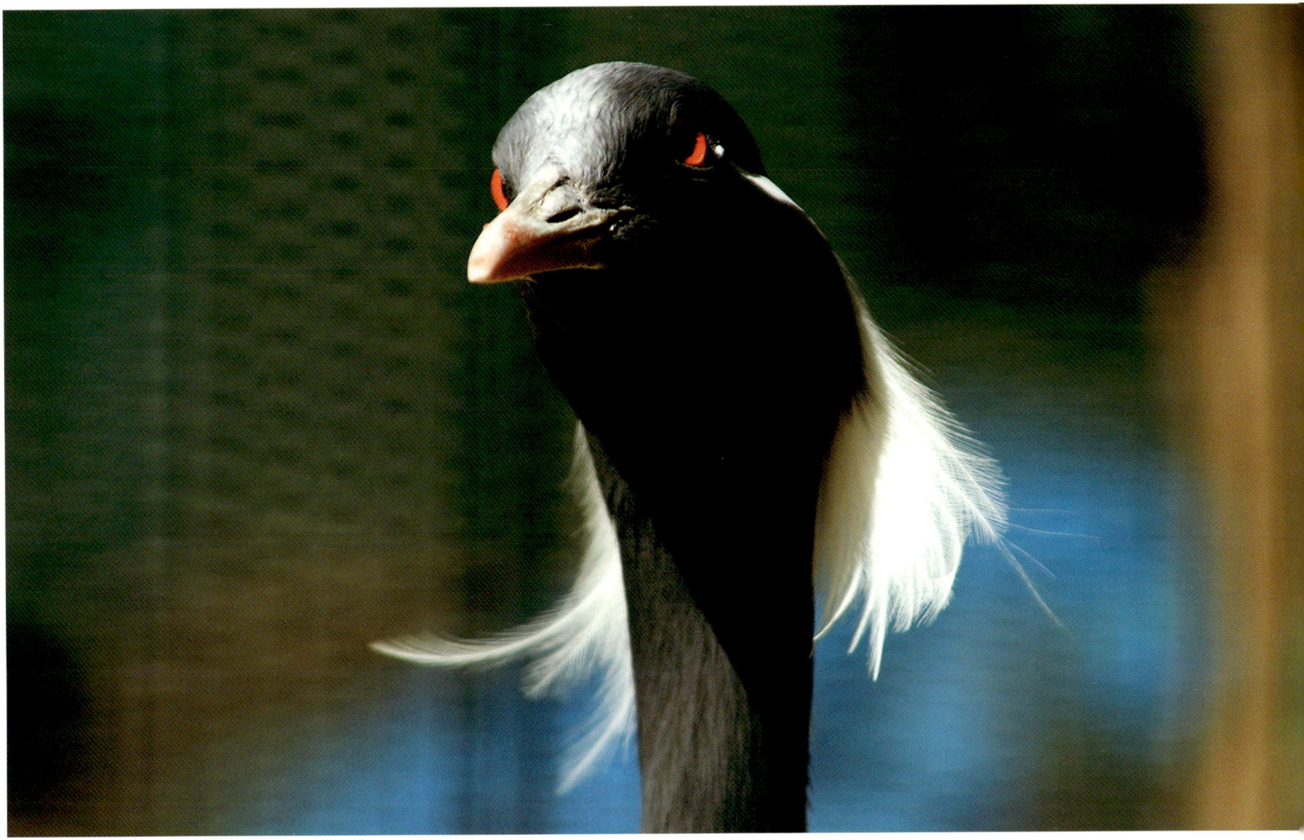

アオサギ

日本のサギ類のなかでは最大のサギで全長1メートル近くにも達します。日本、アジア、ヨーロッパ、アフリカとその分布域は大変広く、繁殖期にはマツや広葉樹林などに枯れ枝を用いて大きな巣を作ります。魚や甲殻類、カエルなどを捕食します。

ゴイサギ

アオサギよりもその分布域は広く、北米、南米にも分布しています。夕方から活動し、池や川などで魚やカエル、ザリガニなどを捕食します。天王寺動物園のアシカ池の周りには、アシカの餌である魚を横取りしようと、野生のゴイサギ、アオサギ、コサギなどが飛来し、待ち構えています。

コクチョウ
オーストラリアの池や湖、河川などに生息するハクチョウの仲間です。ハクチョウ（白鳥）といいながら、羽の色は真っ黒であるところからコクチョウ（黒鳥）という和名がついています。水草や草の種子、甲殻類や貝などを食べます。

ベニイロフラミンゴ
米国のフロリダ半島からカリブ海沿岸、南米の北部沿岸にかけての海岸に集団で生息し、水中のプランクトンや水生昆虫、藻類などを櫛状の嘴で濾しとって食べています。天王寺動物園ではフラミンゴ用に特別に作られた固形飼料とオキアミなどを混ぜて与えています。足と首が大変細長いのが特徴で、繁殖シーズン前には、紅色が一段と鮮やかになります。

カバとエジプトガン
平成9年にできたカバ舎はカバの生息地である東アフリカの現地を調査しその生息環境を再現した施設です。ここでは自然の生態系も見ていただけるようにということで、カバと一緒にエジプトガンやアマサギを放ち、水中にはテラピアという魚も共生させています。本施設では日本で唯一ここだけ、水中を歩くカバをガラス越しに観覧できる施設となっています。

通天閣の夕暮れ

動物園・公園 案内図

1. 沈床花壇 Sunken Garden
2. 小川の小径 Stream Esplanade
3. バラのアーチ Rose Arch
4. 水上ステージ Floating Stage
5. 植物温室 Greenhouse
6. 映像館 Movie Theater
7. 展示コーナー Display Corner
8. 旧黒田藩屋敷長屋門 Old Kuroda Clan Mansion Gate
9. 美術館 Art Museum
10. 慶沢園 Keitakuen Garden
11. 茶室（長生庵） Tea-ceremony room (Choseian)
12. 河底池 Kawazoko Pond
13. 水生花園 Aquatic Plant Garden
14. わんぱく広場 Playground
15. 茶臼山古墳 Cyausuyama Old Mound
16. 天王寺ゲート Tennoji Gate
17. 美術館下ゲート Art Museum Gate
18. 動植物公園事務所 Zoo and Park Administration Office
19. 緑の相談室 Planto Guidance Room

A. 白雪姫時計 Snow White Clock Tower
B. 新世界ゲート Shinsekai Gate
C. レクチャールーム Lecture Room
D. 動物園ステージ Zoo Stage
E. 展示室 Display Room
F. ベビーカー貸出所 Baby Carriage Rental

北園 North Area
南園 South Area

あとがき

アラタ　ヒロキ

　動物がとても好きだったのでしょうか、写真の仕事をするようになり、いつしかレンズを通して動物達を撮るようになっていました。天王寺動物園は、大都市・大阪にあり、通天閣で有名な新世界という賑やかな街が近くにあるにも関わらず、多くの緑に囲まれ、適度な空間の中で動物達を自然に近い形で育てています。連日多くの人々が訪れ、いつも園内は笑顔であふれています。その笑顔が動物達にも伝わっているのでしょうか、様々な表情を僕にしてくれました。

　最後に出版に際し快く序文と解説をしていただきました宮下実園長、たいへんお世話になりました、東方出版社長、今東成人様に心より御礼申し上げたいと思います。

....

アラタ　ヒロキ

1979年	東大阪市生まれ	＜ARA写真事務所＞
1998年	清風高等学校卒業	〒579-8012
2002年	山梨学院大学卒業	東大阪市上石切町2丁目1426-16
	写真家あらたひでひろ（父）に師事	朝日プラザA-411
2003年	スタジオ勤務	FAX:0729-87-7463
	コマーシャル写真の世界に入る	
2005年	JPS展入選	使用カメラ　コニカミノルタ　α7　DIGITAL

宮下　実　（天王寺動物園　園長）

1950年、大阪市生まれ。1973年、大阪府立大学卒業と同時に天王寺動物園に獣医師として就職。「アライグマ蛔虫の幼虫移行症に関する研究」で学位取得(医学博士)。
(社)日本動物園水族館協会種保存委員、日本野生動物医学会理事(国際交流委員長)、大阪市立大学、大阪府立大学非常勤講師。著書「続・動物園で学ぶ進化」(共著)、「ポケット図鑑　動物園の動物」(監修)、「学研マルチメディア図鑑」(共著)など。

天王寺動物園
Osaka Tennoji Zoo

2006年4月6日　初版1刷発行

写　真　　アラタ ヒロキ
解　説　　宮下 実
発行者　　今東 成人
発行所　　東方出版(株)
　　　　　〒543-0052　大阪市天王寺区大道1-8-15
　　　　　電話 06-6779-9571　　FAX 06-6779-9573
デザイン　マーケティングデザインセンターLtd.
印刷/製本　泰和印刷(株)

ⓒ 2006　Printed in Japan

乱丁・落丁本はお取り替えします。

ISBN4-88591-994-0 C0072